漫画万物简史

千万不能没有蔬菜

[英]亚历克斯·伍尔夫 著

[英]大卫·安契姆 绘

张书 译

中信出版集团 | 北京

图书在版编目（CIP）数据

千万不能没有蔬菜 /（英）亚历克斯·伍尔夫著；（英）大卫·安契姆绘；张书译. -- 北京：中信出版社，2022.6（2022.8重印）
（漫画万物简史）
书名原文：You Wouldn't Want to Live Without Vegetables!
ISBN 978-7-5217-4045-5

Ⅰ. ①千… Ⅱ. ①亚… ②大… ③张… Ⅲ. ①蔬菜－青少年读物 Ⅳ. ① S63-49

中国版本图书馆 CIP 数据核字 (2022) 第 035787 号

千万不能没有蔬菜
（漫画万物简史）

著　　者：［英］亚历克斯·伍尔夫
绘　　者：［英］大卫·安契姆
译　　者：张　书
出版发行：中信出版集团股份有限公司
（北京市朝阳区惠新东街甲 4 号富盛大厦 2 座　邮编　100029）
承 印 者：北京尚唐印刷包装有限公司

开　　本：889mm × 1194mm　1/20　　印　　张：2　　字　　数：65 千字
版　　次：2022 年 6 月第 1 版　　印　　次：2022 年 8 月第 2 次印刷
京权图字：01-2022-1462　　审 图 号：GS（2022）1610 号（书中地图系原文插附地图）
书　　号：ISBN 978-7-5217-4045-5
定　　价：18.00 元

出　　品：中信儿童书店
图书策划：火麒麟
策划编辑：范　萍
执行策划编辑：郭雅亭
责任编辑：袁　慧
营销编辑：杨　扬
封面设计：佟　坤
内文排版：柒拾叁号工作室

这些蔬菜都来自哪里？

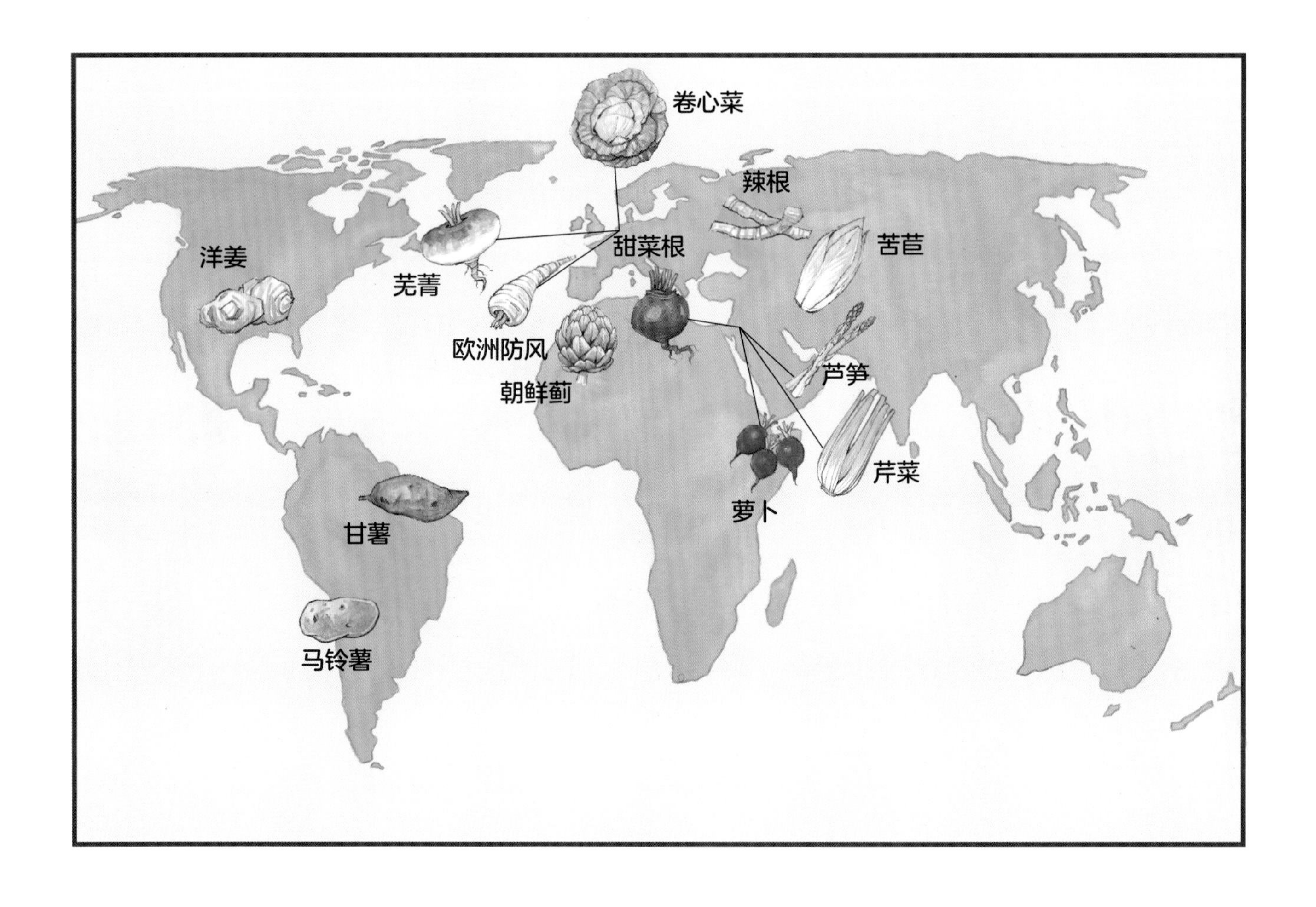

上面的地图显示了几种常见蔬菜的原产地。从地图上可以看到，很多蔬菜都原产自南美洲、中东地区以及欧洲北部。

蔬菜大事记

公元前8000年—公元前5000年

秘鲁人开始种植马铃薯。

约公元前1000年

凯尔特人开始种植卷心菜和羽衣甘蓝。

公元前2680年

古埃及人培育出了生菜。

约公元前100年

菠菜出现在今伊朗。

约公元前3500年

古埃及人开始种植洋葱、韭葱和大蒜。

约公元前200年

古罗马人开始种植芦笋。

公元前2000年

古埃及神庙壁画中出现了一种紫色植物，很可能就是早期的胡萝卜。

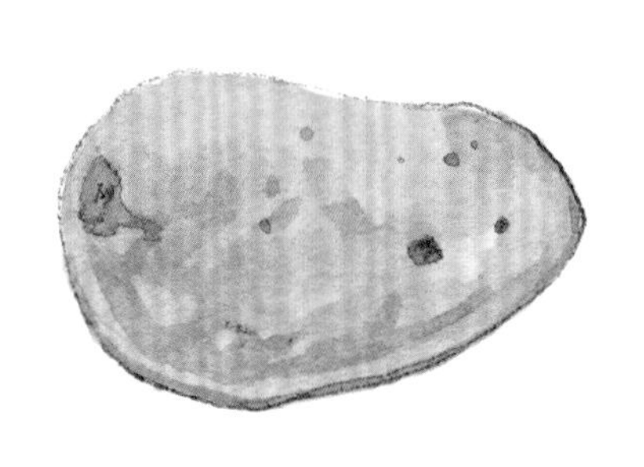

1853 年

薯片诞生了！

1570 年

马铃薯传入欧洲，最先传入西班牙。

1994 年

人们培育出了西蓝薹——一种缩小版的西蓝花。

1845—1849 年

马铃薯枯萎病引起了爱尔兰的大饥荒。

2008 年

实验室里培育出了一种不会让人流泪的洋葱。

1492 年

克里斯托弗·哥伦布把洋葱带到了美洲。

20 世纪 50 年代

真空冷却使生菜更方便储存。

目录

导言

是不是一听到菠菜、西蓝花或羽衣甘蓝的名字，你就感到一阵恶心？晚饭结束时，你的碗里是不是还剩下不少卷心菜？这些蔬菜究竟有什么好处？为什么爸爸妈妈非要强迫我们吃下去呢？我们有必要吃蔬菜吗？世界上没有蔬菜会是什么样？更美好吗？错！那样的话，我们就要和健康说再见了。蔬菜为我们提供了不可或缺的维生素和矿物质，增强了我们的体质，让我们远离疾病。一些新奇的食用方法能让蔬菜变得非常美味，比如淋上可口的酱汁，或者烤熟后放一点橄榄油。

蔬菜不仅是食物，还可以用来制造染料、乳液和胶水。下次再抱怨不想吃蔬菜的时候，请记得：我们的生活根本离不开蔬菜！

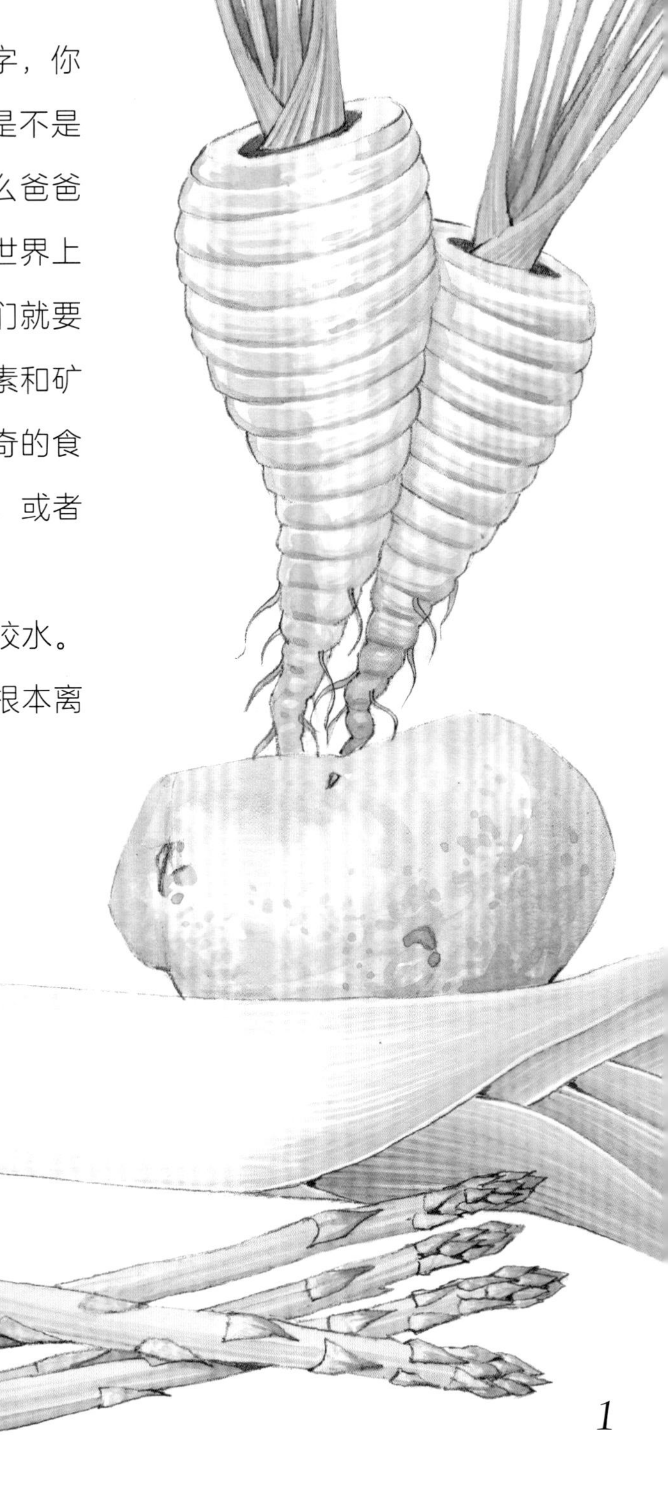

什么是蔬菜？

这个问题还真不好回答。某些国家对蔬菜的定义是植物无籽、可食用的部分，但是我国把可以做菜吃的草本植物都称为蔬菜。放心，你平常吃的豆角、冬瓜、黄瓜等都可以叫它们蔬菜，可出了国就不一定了哟！

法庭上的西红柿。1883 年，美国最高法院把西红柿判定为蔬菜，而不是水果。判决依据是西红柿通常被当作主菜吃，而主菜之后的甜点环节吃的才算作水果。

蘑菇不是植物，但它是蔬菜，它是一种真菌，也就是说它甚至连植物界的一员都不是！

蔬菜的组成部分。大多数植物身上都有根、茎、叶、花和果实。我们常吃的蔬菜都来自植物的前四个部位。

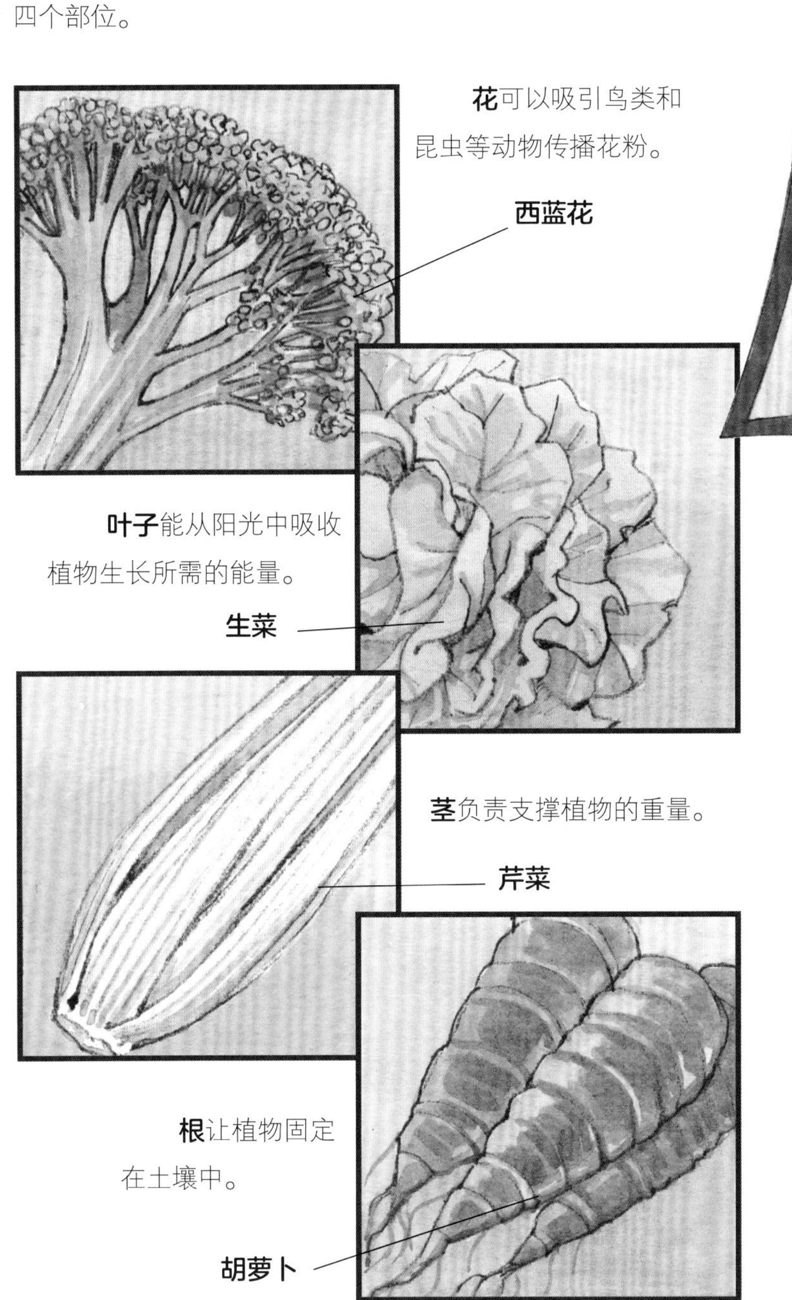

花可以吸引鸟类和昆虫等动物传播花粉。

叶子能从阳光中吸收植物生长所需的能量。

茎负责支撑植物的重量。

根让植物固定在土壤中。

尝试一下！
动动脑筋想一想，下列食物中哪些是蔬菜，哪些是水果：苹果、芹菜、茄子、柿子椒、萝卜、梨、菠菜、秋葵。
好孩子，多吃点！

海带是在沿海地区广受欢迎的一种食物，它是一种藻。在国外中餐厅里有一道叫“脆海带”的常见菜，它其实并不是用海带做的，因为它实际上是油炸干卷心菜做成的，所以它是一道蔬菜。

古人是怎么种植蔬菜的?

人类最初以捕猎和采摘为生：靠捕食动物、食用野菜等来填饱肚子。他们小心翼翼地品尝在野外碰到的各种植物——从果实、叶子、茎、根到花。他们淘汰了那些味道不好或者会引发身体不适的植物，选出美味又安全的种植在林中的空地上。蔬菜种植就这样开始了。

赫拉克勒斯，你怎么那么厉害啊?!

当然是豆泥的功劳啦!

古希腊人将蔬菜作为配菜享用。豆泥是古希腊神话中的大力士、英雄赫拉克勒斯最喜欢的一道菜。

原来如此!

几千年来，蔬菜的种植年复一年，周而复始——翻土、播种、养护、收获。

还是你们会做菜!

罗马人入侵英国时，也带去了很多蔬菜，包括大蒜、洋葱、胡葱、韭葱、卷心菜、芹菜、芜菁和萝卜。其中韭葱广受欢迎，后来成为英国威尔士的象征。

他跑得真快！烫个芦笋，他就不见了。

奥古斯都大帝对芦笋情有独钟，他偏爱煮得嫩嫩的那种。这启发他说出了那句他最爱的口头禅，它用来形容速度飞快……

素食主义。很多宗教教徒都是素食者，因为他们不忍杀生取肉吃。耆那教徒连植物都不忍伤害，所以他们不吃根菜类蔬菜。

卷心菜菜叶吃了还能再长，但是把马铃薯挖出来，整个植物就死了。

蔬菜有利于身体健康吗?

蔬菜在健康饮食中扮演着重要的角色，它们不仅脂肪含量低，含有多种人体必需的维生素和矿物质，还有促进消化的膳食纤维。所以常吃蔬菜的人，罹患癌症、中风、心血管疾病的风险更低。医生通常会建议每日食用 5 ～ 9 种水果和蔬菜，以保持健康的饮食。

妈妈，薯片中有马铃薯，今天的蔬菜就不用吃了吧?

均衡的饮食

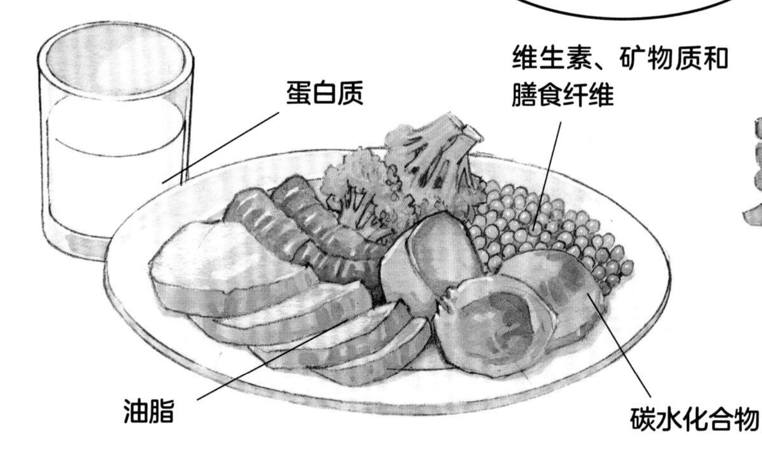

要实现**均衡饮食**，就要摄取人体保持健康活力所需的各种营养。主要的营养类型包括: 蛋白质、碳水化合物、油脂，以及维生素、矿物质和膳食纤维。

坏血病是缺乏维生素 C 导致的，在以前的远洋航行中是个令人头痛的难题。1768 年，英国的詹姆斯·库克船长发现了在船员的饮食中添加新鲜蔬菜可以预防坏血病。

想得美！
尝试一下！
1. 把蔬菜放在显眼的位置，提醒自己多吃蔬菜。
2. 尝试各种不同种类的蔬菜，多样化饮食更健康。
3. 适量食用马铃薯，多吃富含维生素和矿物质的蔬菜。
蔬菜中的神秘物质保证了身体健康，但到底是什么呢？

重大发现。20世纪初，科学家发现蔬菜等食物给人体提供了必需的营养物质——维生素。维生素只能从外界摄取，人体无法自己生产。

维生素。维生素A（胡萝卜、菠菜、西蓝花中含有）能促进新细胞生长；维生素B（绿色蔬菜中含有）可将食物转化为能量；维生素C（豆芽、卷心菜、花菜中含有）可以帮助人体提高免疫力。

矿物质。钙（西蓝花、芹菜、大葱中含有）能强化骨骼和牙齿；铁（菠菜、叶甜菜、韭葱中含有）有利于红细胞的再生；钾（所有蔬菜中含有）对肌肉和神经很重要，还可预防高血压。

毒素。有些蔬菜含有毒素，可以驱走昆虫和觅食的其他动物。这些蔬菜如果生吃会伤害肠胃，但烹熟后食用则是安全的。

与洋葱有关的那些故事

数千年来，全世界的人们都在用洋葱给饭菜调味。古埃及人就拜倒在洋葱的魅力之下，因为洋葱圆润的外形和多层的构造，他们视其为永恒的象征。洋葱也被用于各种民间疗法中。不管其药用价值怎样，可以肯定的是吃洋葱有利于健康，而且它富含维生素 C 和膳食纤维。洋葱既可以生吃也可以烹饪。和洋葱同属于葱属的还有大蒜、细香葱、胡葱、韭葱等。

枕下有洋葱，
入睡好轻松！

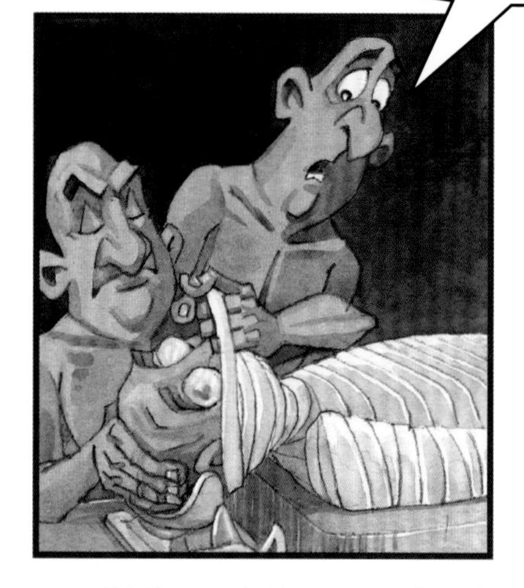
我总觉得那两只
洋葱在瞪我！

洋葱眼。古埃及人用洋葱给法老陪葬，甚至还将洋葱放在木乃伊的眼窝里。

抹上洋葱
冲冲冲！

运动员之友。古希腊的运动员在奥运会上场比赛前会喝洋葱汁，还会把洋葱抹在身上。

原来如此！
为什么切洋葱总让你泪汪汪？这是因为洋葱里含有硫化物，切洋葱时产生的气体刺激了眼睛，就使你潸然泪下了。
正是我们日思夜想之物！
我需要手术刀、镊子和洋葱……

中世纪时，人们不仅食用洋葱，还用洋葱医治头疼、脱发和毒蛇咬伤。当时，洋葱的价格非常高，可用来付房租或者当作新婚礼物。

古罗马人不仅喜欢吃洋葱，还用洋葱治疗牙痛、背痛、痢疾、视力不良、口腔溃疡和狗咬之伤。

北美殖民地时期，对印第安人而言，洋葱有多种多样的用途，一能生食或烹熟享用，二能制作染料，三可以敷于患处，四可以充当孩童的玩具……

为什么马铃薯这么令人着迷?

总统先生，这道菜叫法式炸薯条。
不对，它是我们比利时的菜……

马铃薯深受全世界人的喜爱，但在约 500 年前它还仅仅是南美洲秘鲁当地的作物，其他地方的人根本没听说过。公元前 8000 年至公元前 5000 年，秘鲁的印加人最早开始种植马铃薯，直到 1532 年西班牙殖民者到达秘鲁后，欧洲人才第一次见到这种作物。16 世纪 70 年代，西班牙巴斯克的水手开始在西班牙北部的沿海地区种植马铃薯。1621 年，马铃薯才开始在北美殖民地种植。很快，马铃薯成为整个欧洲和新大陆的主要粮食作物。

法式炸薯条。1802 年，美国总统托马斯・杰斐逊在白宫晚宴上用法式做法的马铃薯招待客人，炸薯条由此在美国得到推广。而比利时人则声称炸薯条是他们发明的。

马铃薯与饥荒。19 世纪 40 年代，马铃薯枯萎病横扫欧洲，摧毁了马铃薯作物。其中受灾最严重的国家是爱尔兰，约 100 万人死于这次饥荒，约 200 万人背井离乡，大多逃往了北美洲。

咦？味道还真不错！

薯片。1853 年，美国富豪科尼利厄斯・范德比尔特抱怨马铃薯切得太厚了。厨师一怒之下把马铃薯切得像纸一样薄，没想到范德比尔特赞不绝口。后来薯片就这么流行起来了。

马铃薯上了太空！1995 年 10 月，马铃薯成为第一种在太空种植的蔬菜。未来，宇航员如果要去往火星或更远的地方，漫长的太空航行中也许就可以吃上马铃薯了！

法国国王路易十六（1774—1792年在位）对马铃薯情有独钟，他和他的王后玛丽·安托瓦内特为马铃薯在法国的推广做出了巨大贡献。
看这里！
马铃薯的皮含有天然美白成分，能缓解黑眼圈和眼睛浮肿。取一个马铃薯，削下新鲜的马铃薯皮，将有水分的一面敷在眼睛周围，15分钟即可。
啊！我的小马铃薯真美啊！
亲爱的，应该说马铃薯戴在我头上很美吧！

胡萝卜是何时把我们征服的？

我们今天的这种香甜、多汁又饱满的胡萝卜深受大众欢迎。其实，它 16 世纪才出现，历史并不久远。16 世纪以前，胡萝卜颜色是紫色、白色或黄色的，又细又小，通常有分叉，味道苦涩。公元前 2000 年，古埃及神庙的壁画中有很像胡萝卜的紫色植物。古希腊人和古罗马人也曾种植胡萝卜，但他们只取它的种子和叶子作为药用。公元前 3000 年，阿富汗人最早把胡萝卜的根当作食物种植。8 世纪至 9 世纪，将胡萝卜作为食物的想法传入小亚细亚和欧洲。后来，荷兰人培育出了今天这种橙色的胡萝卜。

解药。本都王国国王米特拉达梯六世有一次研制解药的时候放入了胡萝卜种子——竟然管用！

原来如此！

胡萝卜中含有一种叫作β-胡萝卜素的色素，所以胡萝卜才是橙色的。除它之外，南瓜、杏、油桃中也含有这种色素。

奥兰治家族。荷兰人将胡萝卜培育成橙色，有人说是为了致敬奥兰治（Orange）家族的威廉一世，因为奥兰治也有橙色的意思。但是这种说法恐怕只是传说而已。

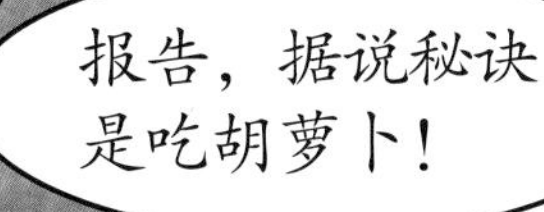

第二次世界大战期间，英国飞行员在夜间作战时利用飞机上的雷达击落了德国飞机。为了掩盖这一技术秘密，对外传言说，英国飞行员吃了胡萝卜，所以可以在夜晚看得更清楚。这个说法流传至今。

未来可期。胡萝卜是不是在进化？美国的得克萨斯农工大学培育出了一种营养价值很高的胡萝卜，它外皮是紫色的，果肉是橙色的，含有抗癌物质。

关于生菜的趣闻

生菜是当今做沙拉最常用的蔬菜。生菜的种植可以追溯到古埃及时期，但那时的生菜不是现在的样子，人们吃的是生菜的长梗，就和我们吃芹菜一样。经过埃及人几个世纪的努力，生菜的叶子变得越来越宽，变成了叶用蔬菜，这种生菜叫作罗马生菜。后来又出现了其他品种的生菜，比如奶油生菜（个头小，叶子柔软油润）、球生菜（叶球大而紧实）等。

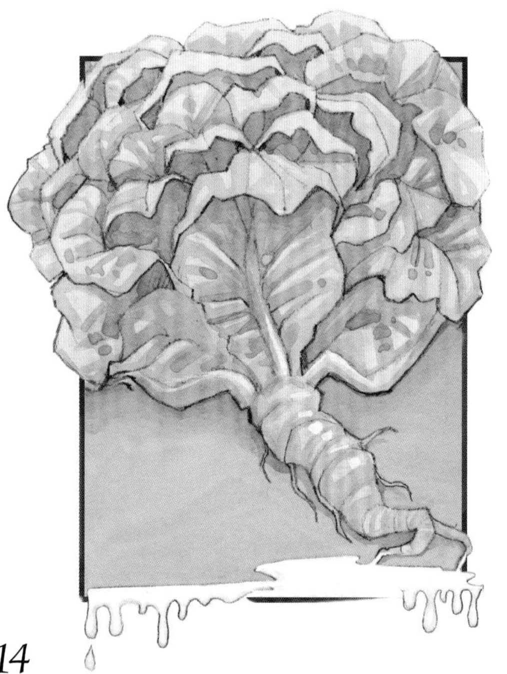

多汁的植物。生菜的英文名字“lettuce”来自拉丁语“lactis”，意为牛奶，这是因为生菜的梗和叶柄里的汁液如牛奶一般。

催眠沙拉。古罗马人认为生菜会使人昏昏欲睡，所以图密善皇帝喜欢在宴会一开始就上生菜，这样他就可以戏弄他的客人，强迫他们在他面前保持清醒。

不过叶子也
不赖哟！
看这里！
生菜属于为数不多的必须鲜食的蔬菜，不宜冷冻、罐装或者腌制。储存生菜最佳的地方就是冰箱里的保鲜室。

好吧，我们把它们混在一起看看。

就剩这几样食材了。

凯撒沙拉。1924 年，墨西哥一个叫凯撒·卡尔迪尼的餐馆老板用罗马生菜、面包丁和帕尔梅桑干酪发明了这道名菜。凯撒沙拉的流行，让生菜又变得受欢迎起来。

冰山生菜。20 世纪 30 年代的美国，人们会用冰块为运输中的生菜保鲜。运生菜的火车进站时，人们就会喊："冰山来了！"所以球生菜俗称冰山生菜。

卷心菜为什么能征服全世界?

卷心菜的英文“cabbage”来源于法语“caboche”（头）。卷心菜种植的历史已有数千年之久，最初是古希腊人和古罗马人喜爱的蔬菜，后来凯撒大帝四处征伐时将卷心菜带到了欧洲北部。那时，这种菜不仅是军队的粮食，人们还用菜叶按压伤口消肿。因为容易种植，卷心菜深受中世纪农民的欢迎。

古希腊哲学家**第欧根尼**奉劝一位富有的朝臣时说道：“以卷心菜为生的人，从不低声下气地高攀权贵。”而这位朝臣的想法恰恰相反。

如果你当初高攀了权贵，也不至于沦落到只能吃卷心菜的田地！
呸！这附近肯定住着穷人！不然怎么会有煮卷心菜的臭味！

恶名远扬的卷心菜。有谣言说鼠疫的源头就是卷心菜（其实并非如此），因而王公贵族纷纷对卷心菜敬而远之。也有不少人觉得煮卷心菜时的浓郁味道令人生厌。但对农民来说，卷心菜是营养价值很高的食物，富含维生素 C、矿物质和膳食纤维。

尝试一下！

肥沃而湿润的土壤最有利于卷心菜的生长。在室内种下种子，8至10周之后再移植到室外的菜园里。虽然卷心菜耐寒，但刚移植的幼苗还经受不了霜冻，所以移植前记得先看看天气预报哟！

带上卷心菜去远航！詹姆斯·库克船长在1768年出海航行时把卷心菜带上了船，以免船员患上坏血病。随船医生还把卷心菜的菜叶做成敷料涂在伤员的伤口上，防止坏疽。

卷心菜所在家族还包括**花菜和西蓝花。**1533年，意大利女贵族凯瑟琳·德·美第奇嫁给了法国国王亨利二世，可能就是她将西蓝花推广到了法国。

蔬菜仅仅是食物吗？

蔬菜不仅能当食物，在生产和生活中也有广泛的用途。比如，从包装材料到胶水等各种产品都用到了马铃薯淀粉；民间用生菜汁治疗咳嗽、焦虑、紧张、疼痛和风湿病（病症为关节或肌肉的肿胀、疼痛）的传统已有数百年；遇到昆虫叮咬，拿洋葱擦几下就可以缓解瘙痒和疼痛。除此之外，蔬菜还可以被雕成工艺品，比如做成花朵或南瓜灯等形状。

护肤。生菜具有缓解皮疹的功效。现在的很多香皂或润肤乳液中都用到了生菜。

焕然一新！把洋葱切成薄片，捣碎后加水搅拌，用抹布蘸取混合液擦拭金属物品的表面，你家的刀叉就可以闪亮如新！

我有洋葱，
不怕你！

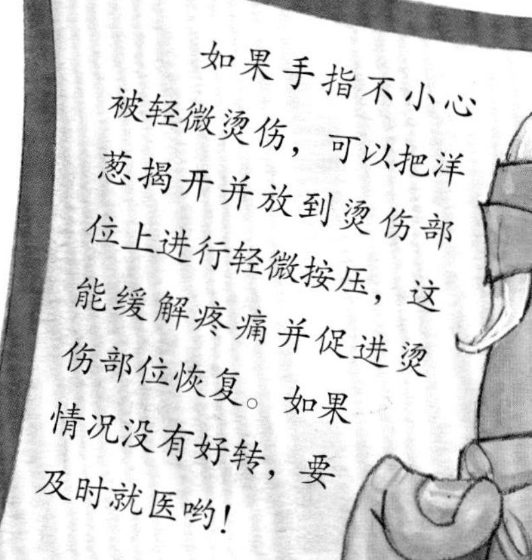

看这里！
如果手指不小心被轻微烫伤，可以把洋葱揭开并放到烫伤部位上进行轻微按压，这能缓解疼痛并促进烫伤部位恢复。如果情况没有好转，要及时就医哟！

蔬菜染料。蔬菜中含有一种叫作多酚的化学物质，能附着在衣物上使衣物染上颜色。这就是食物容易把衣服弄脏的原因。

甜菜根——
红色或粉色染料

洋葱——
黄色或棕色染料

菠菜——
绿色染料

马铃薯盘子！制作一次性盘子、碟子和其他餐具使用的环保、可生物降解的材料通常就是马铃薯淀粉。

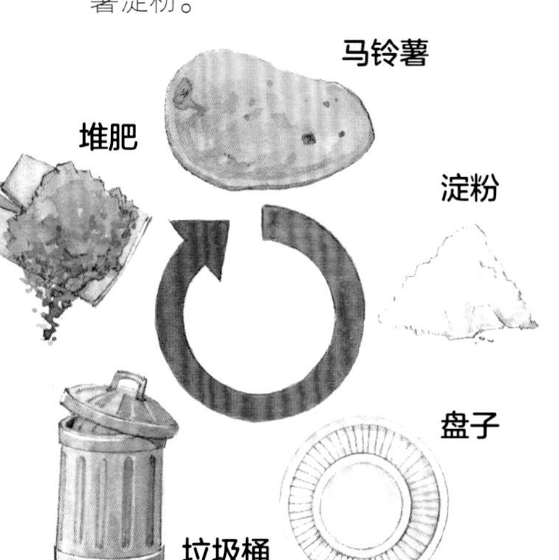

蔬菜雕刻可能起源于古代中国或日本。今天，蔬菜雕花通常作为食物摆盘时的装饰。胡萝卜、萝卜、胡葱都是雕刻的好材料。

蔬菜是怎样种植和保存的？

千百年来，人们都在小块土地上种植蔬菜。那时，人们需要及时吃掉新鲜的蔬菜，吃不完的要尽快拿到附近的镇子上卖出去。过去 200 多年间，栽培技术水平已大幅提升。更优质的肥料、温室、塑料大棚以及水培法都大幅提高了蔬菜产量，同时冷藏技术的发展也延长了蔬菜的存储时间。现在，人们已经可以大范围种植蔬菜，并且批量销往各个城镇了。

从播种到餐桌

原来如此！

水培法是一种用水替代土壤种植蔬菜的方法。它需要在室内用富含矿物质的营养液栽培蔬菜。这种方式更有利于保护农作物免受杂草、不利气候、害虫和疾病的影响，但是产量不如土壤种植高，对技术知识的要求也不低。

温室。玻璃能积存阳光的热量并保持温室内的温度，所以冬季也能种植蔬菜！

抬高苗床种植法。人们使用堆过肥的肥沃土壤把蔬菜互相紧挨着种在封闭的苗床中。植物之间空隙小，既可以防止杂草生长，还可以保持土壤水分。

快！要马上放入冰箱！

储存蔬菜。蔬菜一经采摘，其中的水分和维生素 C 很快就会开始流失。绿叶菜如果没有及时冷藏起来，很快就会变蔫。洋葱和马铃薯等则可以储存较长时间。

冻……冻死了！为了防止萝卜坏掉，我忍了！

防腐。我们可以用杀灭细菌或抑制细菌生长的方式防止蔬菜腐烂。常见的方式有制成罐头、冷冻保存、用醋腌制，或者加糖炖煮做成果蔬酱。

蔬菜对环境有影响吗？

多吃蔬菜不仅可以强身健体，还能保护环境。蔬菜种植比肉类养殖消耗的自然资源少，付出的环境代价也小。我们少吃些肉，多吃些蔬菜，就能为缓解全球变暖做出贡献：温室气体（如甲烷）总量的约 20% 都来源于家畜养殖。少吃肉还能减少土地和水源的压力，防止由于放牧而毁坏森林。

水。每生产约 500 克牛肉需要消耗高达 6992 升的水，包括种植牛吃的草和其他食物所需的水、牛喝的水以及各种清洁用的水。生产下列蔬菜的耗水量如下，你可以做一下对比。

朝鲜蓟：
每磅需水 445 升。

大蒜：
每磅需水 323 升。

生菜：
每磅需水 127 升。

芦笋：
每磅 * 需水 977 升。

西蓝花：
每磅需水 155 升。

* 注：英制单位，1 磅≈ 0.45 千克。

生产 1 磅牛肉需要
消耗 16 磅谷物！

尝试一下！

自己种菜自己吃，要不要试试？

- 省了买菜的钱。
- 可以锻炼身体。
- 提醒你完成每天吃 5 ~ 9 种水果和蔬菜的任务。

很多**农民**种菜过程中会使用化学杀虫剂和化肥。这些化学制品中含有硝酸盐，渗入土壤和当地的水源中会造成污染。而有机农业则不会使用这些化学制品。

我们家的土地比
你家的大多了！
那可不！你
们养牛最费
地了！

一个吃素的家庭所需要的一切食物，只要 0.4 公顷的**土地**来生产就足够了。而要养活一个现代的普通吃肉家庭，需要 8 公顷的土地才够，因为喂养家畜就得消耗掉大部分的庄稼。

食物里程。很多超市的蔬菜都是从其他国家进口的，需要通过船、飞机和卡车运输，因而会造成空气污染。购买本地产的蔬菜更环保。

我买的蔬菜是从
外国进口的！
那算什么！我
自己种菜吃！

吃下去的蔬菜都去哪儿了？

蔬菜吃进嘴里之后，进入了胃里。身体吸收了其中的营养之后，我们上厕所时将不能消化的部分排出体外。排泄物通过下水道系统进入污水处理厂，在那里进行净化、消毒，然后回归到自然环境中。农民也会购买其中一部分经过消毒的废物或污泥，用来给土壤施肥，这样就能种出更多蔬菜。下次你再挑食不吃蔬菜的时候，想想吃菜对身体有多重要！

腐烂。蔬菜是生物体，细菌和真菌可以在其中生长，引起蔬菜腐烂变质。发霉的食物上面出现的黑点点其实就是真菌。

看这里！

为减少食物浪费，请不要把西蓝花、花菜或其他绿叶菜跟苹果、杏、甜瓜或无花果放在一起。这些水果能散发一种叫作乙烯的催熟气体，让蔬菜更容易腐烂。

食物中毒。微生物不仅会释放出化学物质，降低蔬菜的营养价值，而且代谢出的废物还会让人吃坏肚子。所以变质的蔬菜千万不能吃！

发芽的马铃薯。马铃薯是植物根部的块状部分，也就是植物的“块茎”。马铃薯如果长时间暴露在有光或温暖的环境中就会发芽，就像长出了眼睛一样。

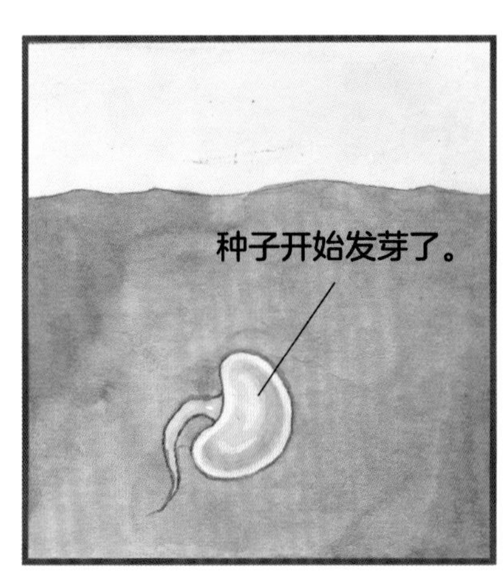

腐殖质。那些被扔掉的或成熟后没人采摘的蔬菜，会在土壤中自然腐烂，被微生物分解后转化为一种深色物质，叫作腐殖质。腐殖质能为土壤增加肥力。

词汇表

产量：生产的产品（如农作物）总量。

淀粉：马铃薯、谷物等食物中的物质，是一种碳水化合物，为日常饮食的重要部分。

堆肥：把杂草、落叶等堆积起来发酵腐熟后制成的肥料。

肥料：可提高土壤肥力（即种植更多作物的能力）的物质。

坏疽：身体部位发生的组织坏死和腐烂。外观呈黑褐色。

环保：不损害环境。

枯萎病：植物的一种病害，主要由真菌导致。

矿物质：维持人体正常生理功能所必需的无机化学元素。

雷达：用于探测飞行器等物体的装置，用于发现目标并勘测其方向、距离和速度。

痢疾：一种引起严重腹泻的肠道疾病。

色素：使机体具有各种不同颜色的物质。

膳食纤维：食物中的纤维素、木质素等有助于消化的物质。

生物降解：被细菌或其他生物分解。

塑料大棚：长的拱形棚，一般覆盖聚乙烯塑料膜，用于种植幼苗或其他植物。

微生物：难以用肉眼观察的微小生物，如细菌。

维生素：对生长发育和健康至关重要的有机化合物。

温室气体：二氧化碳等造成温室效应的气体。

细菌：一种微生物，部分可致病。

硝酸盐：肥料中富含的化学物质，一般为硝酸钠、硝酸钾和硝酸铵。

腌制：用糖、醋和盐水等加工多种水果或蔬菜等。

有机：与生物体有关的或来自生物体的（化合物）。有机农业不使用化学农药。

蔬菜中的巨无霸

最大的卷心菜

62.71 千克

约翰・埃文斯种植

美国，2012 年

最大的西蓝花

15.8 千克

约翰・埃文斯种植

美国，1993 年

最大的洋葱

8.5 千克

托尼・格洛弗种植

英国，2014 年

最大的甘薯

37 千克

曼努埃尔・佩雷斯・佩雷斯种植

西班牙，2004 年

最大的花菜

27.5 千克

彼得・格莱兹布鲁克种植

英国，2014 年

最大的马铃薯

4.9 千克

彼得・格莱兹布鲁克种植

英国，2011 年

最大的甜菜根

23.4 千克

伊恩・尼尔种植

英国，2001 年

最大的胡萝卜

9.1 千克

彼得・格莱兹布鲁克种植

英国，2014 年

雕琢蔬菜

没有人知道蔬菜雕刻艺术起源的准确时间和地点，有人认为是来自 7 世纪的中国。唐中宗击败敌人，为表对神灵之感谢，令其御厨用蔬菜雕琢出神兽的形象。

也有人认为这种艺术形式起源于日本的食雕艺术。日本古时的食物有的是用粗陋的不上釉的盘子盛放的，厨师就将冷菜叶剪切或折叠成精美的装饰物放入盘中，来增强摆盘的效果。到了 16 世纪，食雕成了每个厨师的必修课。

还有一种说法，认为蔬菜雕刻来自 14 世纪的泰国。水灯节的时候，人们把精心装饰的水灯放入河道里，而国王的一位侍女用蔬菜雕出了花和鸟的形状，给国王留下了深刻印象。国王便下令从此往后食材雕刻是女子必学的艺术。

不论起源如何，蔬菜雕刻已延续至今，而且其魅力并不局限于亚洲。全世界的人都在把胡萝卜、萝卜、胡葱等雕琢成精美繁复的造型。

你知道吗？

• 吃太多橙色的胡萝卜，完全可能让你的肤色更“橙”一度。

• 印加人以烹饪一个马铃薯的时长为一个时间单位。

• 凉拌卷心菜（coleslaw）是一种沙拉，其名字来自丹麦语单词“kool”和“sla”，它们分别表示卷心菜和沙拉。

• 小德鲁苏斯是罗马皇帝提比略的儿子。他非常喜欢西蓝花，所以大吃特吃，曾整整一个月只吃西蓝花，连尿液都变成鲜绿色了。

• 始新世时期（5500 万年前到 3370 万年前）的花粉化石被确定为是与胡萝卜同一科的植物花粉。

• 尽管大多数学者认为现代的橙色胡萝卜在 16 世纪才出现，但一本 512 年的拜占庭的书籍里有一幅橙色胡萝卜的图示。或许有更早版本的橙色胡萝卜？

• 马铃薯是茄科植物，同为茄科植物的还有有毒的颠茄。

• 大多数人都知道纽约的外号叫“大苹果”，但鲜为人知的是，芝加哥的名字“Chicago”来源于法语化的印第安语单词，意思是“臭洋葱”！

• 民间传说，洋葱的皮越厚，即将来临的冬天就越寒冷。

漫画万物简史
千万不能没有便便
谁能了解便便的委屈

漫画万物简史
千万不能没有时钟和历法
时不我待！

漫画万物简史
千万不能没有引力
宇宙的超级"万能胶"

漫画万物简史
千万不能没有互联网
让世界变小的无形之网

漫画万物简史
千万不能没有金钱

漫画万物简史
千万不能没有疼痛
疼痛与快乐"相偎相依"

漫画万物简史
千万不能没有塑料
塑料也会"七十二变"

漫画万物简史
千万不能没有睡眠
千奇百怪的睡眠世界

漫画万物简史
千万不能没有肥皂
肥皂与病菌的"相爱相杀"

漫画万物简史
千万不能没有土壤
嘘！土壤还有隐秘的特异功能

漫画万物简史
千万不能没有蔬菜

漫画万物简史
千万不能没有文字

12个我们熟悉又极易忽略的事物，有趣的现象里都藏着神奇的科学道理，让我们一起来探寻它们的奥秘吧！